AF463605

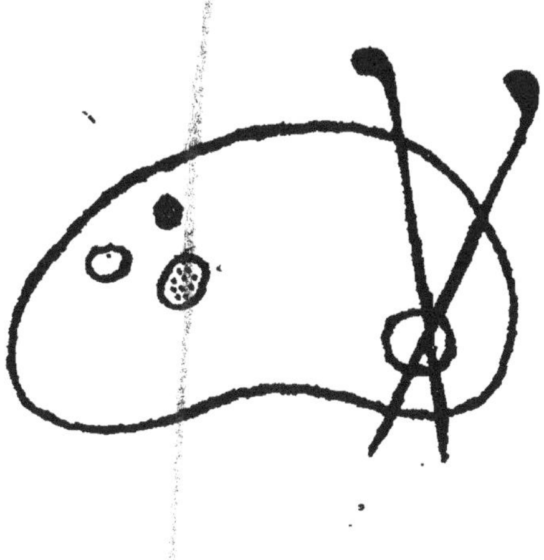

Début d'une série de documents
en couleur

Ge
F4.296

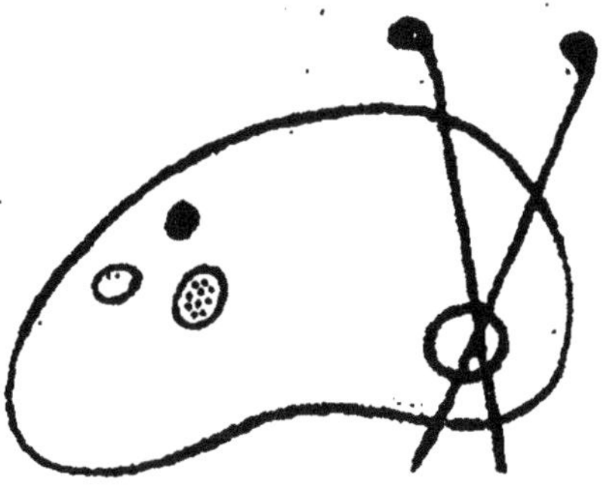

Fin d'une série de documents
en couleur

EXPLICATION DE LA TABLE

Pour trouver les distances réciproques de différents Lieux.

QUOIQUE la méthode que j'ai proposée dans la première Introduction, pour trouver les distances de tous les Lieux dont on connoît la distance à la Méridienne & à la Perpendiculaire, soit à la portée de tous ceux qui ont la moindre teinture de la Trigonométrie; il faut cependant convenir que le plus grand nombre de ceux qui feront usage de nos Cartes, soit pour satisfaire leur curiosité, soit pour acquérir la connoissance d'un pays qu'ils doivent parcourir, ne connoissent ni les Tables des Logarithmes, ni leur usage pour convertir les multiplications & les divisions en simples additions & soustractions; & que par conséquent ils se trouveroient fort embarrassés à quarrer deux nombres composés de plusieurs chiffres, & à extraire la racine de ces deux nombres; opération longue, & la plus difficile de l'Arithmétique. J'ai donc cru que le plus grand nombre de ceux à qui nos cartes tomberont entre les mains, par exemple, un Seigneur de Terre curieux de connoître la distance en toises de tous les lieux qui sont aux environs de sa Paroisse à quatre ou cinq lieues à la ronde, & qui n'a point entre les mains des Tables de Sinus; un Arpenteur qui n'a souvent aucun principe de Géométrie; enfin tous ceux qui possédant l'Arithmétique, craignent de perdre, en faisant un calcul de pure curiosité, un temps qu'ils employeroient à des recherches plus importantes, seroient bien aises de trouver ici une Table par le moyen de laquelle tout le calcul se réduit à l'addition de deux nombres composés de cinq chiffres au plus. Les deux nombres qu'il faut ajouter sont les quarrés des distances à la Méridienne & à la Perpendiculaire ou de leurs différences, qu'on trouve tout faits, & dont j'ai retranché les trois derniers chiffres pour une plus grande commodité. La somme de ces deux nombres est le quarré de la diſtance que l'on cherche, dont la racine eſt la diſtance cherchée. Cette Table dont l'étendue n'eſt que depuis o juſqu'à 9999 toiſes, eſt diviſée en pluſieurs colonnes : dans la bande horizontale ſe trouvent les deux premiers chiffres du nombre donné en toiſes ; & dans la premiere colonne latérale à gauche, les deux derniers chiffres du nombre donné : les dix autres colonnes renferment les quarrés des nombres. Le nombre compris dans la caſe correſpondante & commune à la colomne latérale & à la bande horizontale, eſt celui que l'on cherche. On conçoit aiſément que quoique l'étendue de cette Table n'excede pas 9999 toiſes, on pourra cependant s'en ſervir pour trouver toutes les diſtances que l'on voudra, en prenant la moitié, le quart des deux diſtances, & en doublant ou quadruplant le nombre trouvé : c'eſt ce que l'on comprendra plus aiſément par des exemples.

EXEMPLE.

On demande la diſtance de l'Obſervatoire, à Verſailles, dont la diſtance à la Méridienne eſt de 8086^{t}, & à la Perpendiculaire de 1782^{t}.

Cherchez dans la bande horizontale le nombre 8000^{t}, & dans la colonne latérale le nombre 86^{t}, & vous trouverez dans la caſe correſpondante à ces deux nombres 65383 : vous chercherez de la même maniere celui qui répond à 1700, & à 82 que vous trouverez de 3175 : faites la ſomme de ces deux nombres, qui ſera 68558 : cherchez ce dernier nombre dans une des dix colonnes, & vous trouverez dans la colonne latérale à gauche le nombre correſpondant 80^{t}, & au haut de la Table 8200^{t} : donc la diſtance de Verſailles à l'Obſervatoire eſt de 8280^{t}.

On demande la diſtance de Verſailles à Choiſy.

L'inſpection de la Carte fait voir que cette diſtance excede dix mille toiſes, ou les bornes de la Table.

PRENEZ la moitié de 10870ᵗ, & de 2205ᵗ, différence des diſtances de Verſailles & de Choiſy à la Méridienne & à la Perpendiculaire, & vous aurez deux nombres 5435ᵗ, & 1102ᵗ ½: cherchez dans la Table les nombres correſpondants à ces deux nombres, que vous trouverez de 29539, & 1215: la ſomme de ces nombres eſt 30754: cherchez dans une des dix colonnes le nombre le plus proche, & vous trouverez 5545 ½: il faut doubler ce nombre pour avoir la diſtance cherchée de 11091 toiſes.

On demande la diſtance de Verſailles à Crecy.

PRENEZ la différence entre 39842ᵗ & 8086ᵗ, diſtances de Crecy & de Verſailles à la Méridienne, que vous trouverez de 31756ᵗ; & entre 9235ᵗ & 1782ᵗ, diſtances de Crecy & de Verſailles à la Perpendiculaire, que vous trouverez de 7453ᵗ.

COMME le premier nombre ni ſa moitié ne ſe trouvent point dans la Table, prenez le quart de ces différences, que vous trouverez de 7939, & 1863 ¼; les deux nombres correſpondants dans la Table ſont 63028, & 3471, dont la ſomme 66499 répond à 8154ᵗ. 5ᵖ; le quadruple de ce nombre, qui eſt 32619ᵗ 2ᵖ, ſera la diſtance de Verſailles à Crecy.

JE dois faire remarquer que la colonne des quarrés ne commence qu'à 32ᵗ, parce que le quarré des nombres antérieurs n'eſt composé que de trois chiffres correſpondants à ceux que j'ai retranchés pour éviter l'addition d'une trop grande ſomme: or la ſouſtraction des derniers emportoit néceſſairement la ſouſtraction des premiers; & dans le cas où la différence des nombres ſeroit moindre de 32ᵗ, il faudra réduire les toiſes en pieds.

EXEMPLE.

JE ſuppoſe que les deux différences des diſtances à la Méridienne & à la Perpendiculaire soient, l'une de 10ᵗ & l'autre de 30ᵗ; réduisant ces deux distances en pieds, l'on aura 60ᵖ, & 180ᵖ les deux nombres correspondants sont 4 & 32, dont la somme 36 répond à 189 pieds ou 31 toises 3 pieds.

Nota. Nous avons corrigé à la main quelques fautes qui se sont glissées, tant dans l'ortographe des Noms, que dans les chiffres qui composent la Table; & nous attendons les observations du Public sur l'ortographe des Noms propres des Paroisses, pour faire imprimer l'*Errata* ou les fautes qu'il faut corriger dans les Tables.

TABLE

Pour trouver les diſtances réciproques des différens Lieux.

	0	100	200	300	400	500	600	700	800	900
00	0	10	40	90	160	250	360	490	640	810
01	0	10	40	91	161	251	361	491	642	812
02	0	10	41	91	162	252	362	493	643	814
03	0	11	41	92	162	253	364	494	645	815
04	0	11	42	92	163	254	365	496	646	817
05	0	11	42	93	164	255	366	497	648	819
06	0	11	42	94	165	256	367	498	650	821
07	0	11	43	94	166	257	368	500	651	823
08	0	12	43	95	166	258	370	501	653	824
09	0	12	44	95	167	259	371	503	654	826
10	0	12	44	96	168	260	372	504	656	828
11	0	12	45	97	169	261	373	506	658	830
12	0	13	45	97	170	262	375	507	659	832
13	0	13	45	98	171	263	376	508	661	834
14	0	13	46	99	171	264	377	510	663	835
15	0	13	46	99	172	265	378	511	665	837
16	0	13	47	100	173	266	379	513	666	839
17	0	14	47	100	174	267	381	514	667	841
18	0	14	48	101	175	268	382	516	669	843
19	0	14	48	102	176	269	383	517	671	845
20	0	14	48	102	176	270	384	518	672	846
21	0	15	49	103	177	271	386	520	674	848
22	0	15	49	104	178	272	387	521	676	850
23	1	15	50	104	179	274	388	523	677	852
24	1	15	50	105	180	275	389	524	679	854
25	1	16	51	106	181	276	391	526	681	856
26	1	16	51	106	181	277	392	527	682	857
27	1	16	52	107	182	278	393	529	684	859
28	1	16	52	108	183	279	394	530	686	861
29	1	17	52	108	184	280	396	531	687	863
30	1	17	53	109	185	281	397	533	689	865
31	1	17	53	110	186	282	398	534	691	867
32	1	17	54	110	187	283	399	536	692	869
33	1	18	54	111	187	284	401	537	694	870
34	1	18	55	112	188	285	402	539	696	872
35	1	18	55	112	189	286	405	540	697	874
36	1	18	56	113	190	287	404	542	699	876
37	1	19	56	114	191	288	406	543	701	878
38	1	19	57	114	192	289	407	545	702	880
39	2	19	57	115	193	291	408	546	704	882
40	2	20	58	116	194	292	410	548	706	884
41	2	20	58	116	194	293	411	549	707	885
42	2	20	59	117	195	294	412	551	709	887
43	2	20	59	118	196	295	413	552	711	889
44	2	21	60	118	197	296	415	554	712	891
45	2	21	60	119	198	297	416	555	714	893
46	2	21	61	120	199	298	417	557	716	895
47	2	22	61	120	200	299	419	558	717	897
48	2	22	62	121	201	300	420	560	719	899
49	2	22	62	122	202	301	421	561	721	901

TABLE

Pour trouver les distances réciproques des différens Lieux.

	0	100	200	300	400	500	600	700	800	900
50	2	22	62	122	202	302	422	562	722	902
51	3	23	63	123	203	304	424	564	724	904
52	3	23	64	124	204	305	425	566	726	906
53	3	23	64	125	205	306	426	567	728	908
54	3	24	65	125	206	307	428	569	729	910
55	3	24	65	126	207	308	429	570	731	912
56	3	24	66	127	208	309	430	572	733	914
57	3	25	66	127	209	310	432	573	734	916
58	3	25	67	128	210	311	433	575	736	918
59	3	25	67	129	211	312	434	576	738	920
60	4	26	68	130	212	314	436	578	740	922
61	4	26	68	130	213	315	437	579	741	924
62	4	26	69	131	213	316	438	581	743	925
63	4	27	69	132	214	317	440	582	745	927
64	4	27	70	132	215	318	441	584	746	929
65	4	27	70	133	216	319	442	585	748	931
66	4	28	71	134	217	320	444	587	750	933
67	4	28	71	135	218	321	445	588	752	935
68	5	28	72	135	219	323	446	590	753	937
69	5	29	72	136	220	324	448	591	755	939
70	5	29	73	137	221	325	449	593	757	941
71	5	29	73	138	222	326	450	594	759	943
72	5	30	74	138	223	327	452	596	760	945
73	5	30	75	139	224	328	453	598	762	947
74	5	30	75	140	225	329	454	599	764	949
75	6	31	76	141	226	331	456	601	766	951
76	6	31	76	141	227	332	457	602	767	953
77	6	31	77	142	228	333	458	604	769	955
78	6	32	77	143	228	334	460	605	771	956
79	6	32	78	144	229	335	461	607	773	958
80	6	32	78	144	230	336	462	608	774	960
81	7	33	79	145	231	338	464	610	776	962
82	7	33	80	146	232	339	465	612	778	964
83	7	33	80	147	233	340	466	613	780	966
84	7	34	81	147	234	341	468	615	781	968
85	7	34	81	148	235	342	469	616	783	970
86	7	35	82	149	236	343	471	618	785	972
87	8	35	82	150	237	345	472	619	787	974
88	8	35	83	151	238	346	473	621	789	976
89	8	36	84	151	239	347	475	623	790	978
90	8	36	84	152	240	348	476	624	792	980
91	8	36	85	153	241	349	477	626	794	982
92	8	37	85	154	242	350	479	627	796	984
93	9	37	86	154	243	352	480	629	797	986
94	9	38	86	155	244	353	482	630	799	988
95	9	38	87	156	245	354	483	632	801	990
96	9	38	88	157	246	355	484	634	803	992
97	9	39	88	158	247	356	486	635	805	994
98	10	39	89	158	248	358	487	637	806	996
99	10	40	89	159	249	359	489	638	808	998

TABLE

Pour trouver les distances réciproques des différens Lieux.

	1000	1100	1200	1300	1400	1500	1600	1700	1800	1900
00	1000	1210	1440	1690	1960	2250	2560	2890	3240	3610
01	1002	1212	1442	1693	1963	2253	2563	2893	3244	3614
02	1004	1214	1445	1695	1966	2256	2566	2897	3247	3618
03	1006	1217	1447	1698	1968	2259	2570	2900	3251	3621
04	1008	1219	1450	1700	1971	2262	2573	2904	3254	3625
05	1010	1221	1452	1703	1974	2265	2576	2907	3258	3629
06	1012	1223	1454	1706	1977	2268	2579	2910	3262	3633
07	1014	1225	1457	1708	1980	2271	2582	2914	3265	3637
08	1016	1228	1459	1711	1982	2274	2586	2917	3269	3640
09	1018	1230	1462	1713	1985	2277	2589	2921	3272	3644
10	1020	1232	1464	1716	1988	2280	2592	2924	3276	3648
11	1022	1234	1467	1719	1991	2283	2595	2928	3280	3652
12	1024	1237	1469	1721	1994	2286	2599	2931	3283	3656
13	1026	1239	1471	1724	1997	2289	2602	2934	3287	3660
14	1028	1241	1474	1727	1999	2292	2605	2938	3291	3663
15	1030	1243	1476	1729	2002	2295	2608	2941	3294	3667
16	1032	1245	1479	1732	2005	2298	2611	2945	3298	3671
17	1034	1248	1481	1734	2008	2301	2615	2948	3301	3675
18	1036	1250	1484	1737	2011	2304	2618	2952	3305	3679
19	1038	1252	1486	1740	2014	2307	2621	2955	3309	3683
20	1040	1254	1488	1742	2016	2310	2624	2958	3312	3686
21	1042	1257	1491	1745	2019	2313	2628	2962	3316	3690
22	1044	1259	1493	1748	2022	2316	2631	2965	3320	3694
23	1047	1261	1496	1750	2025	2320	2634	2969	3323	3698
24	1049	1263	1498	1753	2028	2323	2637	2972	3327	3702
25	1051	1266	1501	1756	2031	2326	2641	2976	3331	3706
26	1053	1268	1503	1758	2033	2329	2644	2979	3334	3709
27	1055	1270	1506	1761	2036	2332	2647	2983	3338	3713
28	1057	1272	1508	1764	2039	2335	2650	2986	3342	3717
29	1059	1275	1510	1766	2042	2338	2654	2989	3345	3721
30	1061	1277	1513	1769	2045	2341	2657	2993	3349	3725
31	1063	1279	1515	1772	2048	2344	2660	2996	3353	3729
32	1065	1281	1518	1774	2051	2347	2663	3000	3356	3733
33	1067	1284	1520	1777	2053	2350	2667	3003	3360	3736
34	1069	1286	1523	1780	2056	2353	2670	3007	3364	3740
35	1071	1288	1525	1782	2059	2356	2673	3010	3367	3744
36	1073	1290	1528	1785	2062	2359	2676	3014	3371	3748
37	1075	1293	1530	1788	2065	2362	2680	3017	3375	3752
38	1077	1295	1533	1790	2068	2365	2683	3021	3378	3756
39	1080	1297	1535	1793	2071	2369	2686	3024	3382	3760
40	1082	1300	1538	1796	2074	2372	2690	3028	3386	3764
41	1084	1302	1540	1798	2076	2375	2693	3031	3389	3767
42	1086	1304	1543	1801	2079	2378	2696	3035	3393	3771
43	1088	1306	1545	1804	2082	2381	2699	3038	3397	3775
44	1090	1309	1548	1806	2085	2384	2703	3042	3400	3779
45	1092	1311	1550	1809	2088	2387	2706	3045	3404	3783
46	1094	1313	1553	1812	2091	2390	2709	3049	3408	3787
47	1096	1316	1555	1814	2094	2393	2713	3052	3411	3791
48	1098	1318	1558	1817	2097	2396	2716	3056	3415	3795
49	1100	1320	1560	1820	2100	2399	2719	3059	3419	3799

TABLE

Pour trouver les diſtances réciproques dés différens Lieux.

	1000	1100	1200	1300	1400	1500	1600	1700	1800	1900
50	1102	1322	1562	1822	2102	2402	2722	3062	3422	3802
51	1105	1325	1565	1825	2105	2406	2726	3066	3426	3806
52	1107	1327	1568	1828	2108	2409	2729	3070	3430	3810
53	1109	1329	1570	1831	2111	2412	2732	3073	3434	3814
54	1111	1332	1573	1833	2114	2415	2736	3077	3437	3818
55	1113	1334	1575	1836	2117	2418	2739	3080	3441	3822
56	1115	1336	1578	1839	2120	2421	2742	3084	3445	2826
57	1117	1339	1580	1841	2123	2424	2746	3087	3448	3830
58	1119	1341	1583	1844	2126	2427	2749	3091	3452	3834
59	1121	1343	1585	1847	2129	2430	2752	3094	3456	3838
60	1124	1346	1588	1850	2132	2434	2756	3098	3460	3842
61	1126	1348	1590	1852	2135	2437	2759	3101	3463	3846
62	1128	1350	1593	1855	2137	2440	2762	3105	3467	3849
63	1130	1353	1595	1858	2140	2443	2766	3108	3471	3853
64	1132	1355	1598	1860	2143	2446	2769	3112	3474	3857
65	1134	1357	1600	1863	2146	2449	2772	3115	3478	3861
66	1136	1360	1603	1866	2149	2452	2776	3119	3482	4865
67	1138	1362	1605	1869	2152	2455	2779	3122	3486	3869
68	1141	1364	1608	1871	2155	2459	2782	3126	3489	3873
69	1143	1367	1610	1874	2158	2462	2786	3129	3493	3877
70	1145	1369	1613	1877	2161	2465	2789	3133	3497	3881
71	1147	1371	1615	1880	2164	2468	2792	3136	3501	3885
72	1149	1374	1618	1882	2167	2471	2796	3140	3504	3889
73	1151	1376	1621	1885	2170	2474	2799	3144	3508	3893
74	1153	1378	1623	1888	2173	2477	2802	3147	3512	3897
75	1156	1381	1626	1891	2176	2481	2806	3151	3516	3901
76	1158	1383	1628	1893	2179	2484	2809	3154	3519	3905
77	1160	1385	1631	1896	2182	2487	2812	3158	3523	3909
78	1162	1388	1633	1899	2184	2490	2816	3161	3527	3912
79	1164	1390	1636	1902	2187	2493	2819	3165	3531	3916
80	1166	1392	1638	1904	2190	2496	2822	3168	3534	3920
81	1169	1395	1641	1907	2193	2500	2826	3172	3538	3924
82	1171	1397	1644	1910	2196	2503	2829	3176	3542	3928
83	1173	1399	1646	1913	2199	2506	2832	3179	3546	3932
84	1175	1402	1649	1915	2202	2509	2836	3183	3549	3936
85	1177	1404	1651	1918	2205	2512	2839	3186	3553	3940
86	1179	1407	1654	1921	2208	2515	2843	3190	3557	3944
87	1182	1409	1656	1924	2211	2519	2846	3193	3561	3948
88	1184	1411	1659	1927	2214	2522	2849	3197	3565	3952
89	1186	1414	1662	1929	2217	2525	2853	3201	3568	3956
90	1188	1416	1664	1932	2220	2528	2856	3204	3572	3960
91	1190	1418	1667	1935	2223	2531	2859	3207	3576	3964
92	1192	1421	1669	1938	2226	2534	2863	3211	3580	3968
93	1195	1423	1672	1940	2229	2538	2866	3215	3583	3972
94	1197	1426	1674	1943	2232	2541	2870	3218	3587	3976
95	1199	1428	1677	1946	2235	2544	2873	3222	3591	3980
96	1201	1430	1680	1949	2238	2547	2876	3226	3595	3984
97	1203	1433	1682	1952	2241	2550	2880	3229	3599	3988
98	1206	1435	1685	1954	2244	2554	2883	3233	3602	3992
99	1208	1438	1687	1957	2247	2557	2887	3236	3606	3996

TABLE

Pour trouver les distances réciproques des différens Lieux.

	2000	2100	2200	2300	2400	2500	2600	2700	2800	2900
00	4000	4410	4840	5290	5760	6250	6760	7290	7840	8410
01	4004	4414	4844	5295	5765	6255	6765	7295	7846	8416
02	4008	4418	4849	5299	5770	6260	6779	7301	7851	8422
03	4012	4423	4853	5304	5774	6265	6776	7306	7857	8427
04	4016	4427	4858	5308	5779	6270	6781	7312	7862	8433
05	4020	4431	4862	5313	5784	6275	6786	7317	7868	8439
06	4024	4435	4866	5318	5789	6280	6791	7322	7874	8445
07	4028	4439	4871	5322	5794	6285	6796	7328	7879	8451
08	4032	4444	4875	5327	5798	6290	6802	7333	7885	8456
09	4036	4448	4880	5331	5803	6295	6807	7339	7890	8462
10	4040	4452	4884	5336	5808	6300	6812	7344	7896	8468
11	4044	4456	4889	5341	5813	6305	6817	7350	7902	8474
12	4048	4461	4893	5345	5818	6310	6823	7355	7907	8480
13	4052	4465	4897	5350	5823	6315	6828	7360	7913	8486
14	4056	4469	4902	5355	5827	6320	6833	7366	7919	8491
15	4060	4473	4906	5359	5832	6325	6838	7371	7924	8497
16	4064	4477	4911	5364	5837	6330	6843	7377	7930	8503
17	4068	4482	4915	5368	5842	6335	6849	7382	7935	8509
18	4072	4486	4920	5373	5847	6340	6854	7388	7941	8515
19	4076	4490	4924	5378	5852	6345	6859	7393	7947	8521
20	4080	4494	4928	5382	5856	6350	6864	7398	7952	8526
21	4084	4499	4933	5387	5861	6355	6870	7404	7958	8532
22	4088	4503	4937	5392	5866	6360	6875	7409	7964	8538
23	4093	4507	4942	5396	5871	6366	6880	7415	7969	8544
24	4097	4511	4946	5401	5876	6371	6885	7420	7975	8550
25	4101	4516	4951	5406	5881	6376	6891	7426	7981	8556
26	4105	4520	4955	5410	5885	6381	6896	7431	7986	8561
27	4109	4524	4960	5415	5890	6386	6901	7437	7992	8567
28	4113	4528	4964	5420	5895	6391	6906	7442	7998	8573
29	4117	4533	4968	5424	5900	6396	6912	7447	8003	8579
30	4121	4537	4973	5429	5905	6401	6917	7453	8009	8585
31	4125	4541	4977	5434	5910	6406	6922	7458	8015	8591
32	4129	4545	4982	5438	5915	6411	6927	7464	8020	8597
33	4133	4550	4986	5443	5919	6416	6933	7469	8026	8602
34	4137	4554	4991	5448	5924	6421	6938	7475	8032	8608
35	4141	4558	4995	5452	5929	6426	5943	7480	8037	8614
36	4145	4562	5000	5457	5934	6431	6948	7486	8043	8620
37	4149	4567	5004	5462	5939	6436	6954	7491	8049	8626
38	4153	4571	5009	5466	5944	6441	6959	7497	8054	8632
39	4158	4575	5013	5471	5949	6447	6964	7502	8060	8638
40	4162	4580	5018	5476	5954	6452	6970	7508	8066	8644
41	4166	4584	5022	5480	5958	6457	6975	7513	8071	8649
42	4170	4588	5027	5485	5963	6462	6980	7519	8077	8655
43	4174	4592	5031	5490	5968	6467	6985	7524	8083	8661
44	4178	4597	5036	5494	5973	6472	6991	7530	8088	8667
45	4182	4601	5040	5499	5978	6477	6996	7535	8094	8673
46	4186	4605	5045	5504	5983	6482	7001	7541	8100	8679
47	4190	4610	5049	5508	5988	6487	7007	7546	8105	8685
48	4194	4614	5054	5513	5993	6492	7012	7552	8111	8691
49	4198	4618	5058	5518	5998	6497	7017	7557	8117	8697

TABLE

Pour trouver les distances réciproques des différens Lieux.

	2000	2100	2200	2300	2400	2500	2600	2700	2800	2900
50	4202	4622	5062	5522	6002	6502	7022	7562	8122	8701
51	4207	4627	5067	5527	6007	6508	7028	7568	8128	8708
52	4211	4631	5072	5532	6012	6513	7033	7574	8134	8714
53	4215	4635	5076	5537	6017	6518	7038	7579	8140	8720
54	4219	4640	5081	5541	6022	6523	7044	7585	8145	8726
55	4223	4644	5085	5546	6027	6528	7049	7590	8151	8732
56	4227	4648	5090	5551	6032	6533	7054	7596	8157	8738
57	4231	4653	5094	5555	6037	6538	7060	7601	8162	8744
58	4235	4657	5099	5560	6042	6543	7065	7607	8168	8750
59	4239	4661	5103	5565	6047	6548	7070	7612	8174	8756
60	4244	4666	5108	5570	6052	6554	7076	7618	8180	8762
61	4248	4670	5112	5574	6057	6559	7081	7623	8185	8768
62	4252	4674	5117	5579	6061	6564	7086	7629	8191	8773
63	4256	4679	5121	5584	6066	6569	7092	7634	8197	8779
64	4260	4683	5126	5588	6071	6574	7097	7640	8202	8785
65	4264	4687	5130	5593	6076	6579	7102	7645	8208	8791
66	4268	4692	5135	5598	6081	6584	7108	7651	8214	8797
67	4272	4696	5139	5603	6086	6589	7113	7656	8220	8803
68	4277	4700	5144	5607	6091	6595	7118	7662	8225	8809
69	4281	4705	5148	5612	6096	6600	7124	7667	8231	8815
70	4285	4709	5153	5617	6101	6605	7129	7673	8237	8821
71	4289	4713	5157	5622	6106	6610	7134	7678	8243	8827
72	4293	4718	5162	5626	6111	6615	7140	7684	8248	8833
73	4297	4722	5167	5631	6116	6620	7145	7690	8254	8839
74	4301	4726	5171	5636	6121	6625	7150	7695	8260	8845
75	4306	4731	5176	5641	6126	6631	7156	7701	8266	8851
76	4310	4735	5180	5645	6131	6636	7161	7706	8271	8857
77	4314	4739	5185	5650	6136	6641	7166	7712	8277	8863
78	4318	4744	5189	5655	6140	6646	7172	7717	8283	8868
79	4322	4748	5194	5660	6145	6651	7177	7723	8289	8[illegible]74
80	4326	4752	5198	5664	6150	6656	7182	7728	8294	8880
81	4331	4757	5203	5669	6155	6662	7188	7734	8300	8886
82	4335	4761	5208	5674	6160	6667	7193	7740	8306	8892
83	4339	4765	5212	5679	6165	6672	7198	7745	8312	8898
84	4343	4770	5217	5683	6170	6677	7204	7751	8317	8904
85	4347	4774	5221	5688	6175	6682	7209	7756	8323	8910
86	4351	4779	5226	5693	6180	6687	7215	7762	8329	8916
87	4356	4783	5230	5698	6185	6693	7220	7767	8335	8922
88	4360	4787	5235	5703	6190	6698	7225	7773	8341	8928
89	4364	4792	5240	5707	6195	6703	7231	7779	8346	8934
90	4368	4796	5244	5712	6200	6708	7236	7784	8352	8940
91	4372	4800	5249	5717	6205	6713	7241	7790	8358	8946
92	4376	4805	5253	5722	6210	6718	7247	7795	8364	8952
93	4381	4809	5258	5726	6215	6724	7252	7801	8369	8958
94	4385	4814	5262	5731	6220	6729	7258	7806	8375	8964
95	4389	4818	5267	5736	6225	6734	7263	7812	8381	8970
96	4393	4822	5272	5741	6230	6739	7268	7818	8387	8976
97	4397	4827	5276	5746	6235	6744	7274	7823	8393	8981
98	4402	4831	5281	5750	6240	6750	7279	7829	8398	8988
99	4406	4836	5285	5755	6245	6755	7285	7834	8404	8994

TABLE

Pour trouver les distances réciproques des différens Lieux.

	3000	3100	3200	3300	3400	3500	3600	3700	3800	3900
00	9000	9610	10240	10890	11560	12250	12960	13690	14440	15210
01	9006	9616	10246	10897	11567	12257	12967	13697	14448	15218
02	9012	9622	10253	10903	11574	12264	12974	13705	14455	15226
03	9018	9629	10259	10910	11580	12271	12982	13712	14463	15233
04	9024	9635	10266	10916	11587	12278	12989	13720	14470	15241
05	9030	9641	10272	10923	11594	12285	12996	13727	14478	15249
06	9036	9647	10278	10930	11601	12292	13003	13734	14486	15257
07	9042	9653	10285	10936	11608	12299	13010	13742	14493	15265
08	9048	9660	10291	10943	11614	12306	13018	13749	14501	15272
09	9054	9666	10298	10949	11621	12313	13025	13757	14508	15280
10	9060	9672	10304	10956	11628	12320	13032	13764	14516	15288
11	9066	9678	10311	10963	11635	12327	13039	13772	14524	15296
12	9072	9685	10317	10969	11642	12334	13047	13779	14531	15304
13	9078	9691	10323	10976	11649	12341	13054	13786	14539	15312
14	9084	9697	10330	10983	11655	12348	13061	13794	14547	15319
15	9090	9703	10336	10989	11662	12355	13068	13801	14554	15327
16	9096	9709	10343	10996	11669	12362	13075	13809	14562	15335
17	9102	9716	10349	11002	11676	12369	13083	13816	14569	15343
18	9108	9722	10356	11009	11683	12376	13090	13824	14577	15351
19	9114	9728	10362	11016	11690	12383	13097	13831	14585	15359
20	9120	9734	10368	11022	11696	12390	13104	13838	14592	15366
21	9126	9741	10375	11029	11703	12397	13112	13846	14600	15374
22	9132	9747	10381	11036	11710	12404	13119	13853	14608	15382
23	9139	9753	10388	11042	11717	12412	13[illegible]6	13861	14615	15390
24	9145	9759	10394	11049	11724	12419	13133	13868	14623	15398
25	9151	9766	10401	11056	11731	12426	13141	13876	14631	15406
26	9157	9772	10407	11062	11737	12433	13148	13883	14638	15413
27	9163	9778	10414	11069	11744	12440	13155	13891	14646	15421
28	9169	9784	10420	11076	11751	12447	13162	13898	14654	15429
29	9175	9791	10426	11082	11758	12454	13170	13905	14661	15437
30	9181	9797	10433	11089	11765	12461	13177	13913	14669	15445
31	9187	9803	10439	11096	11772	12468	13184	13920	14677	15453
32	9193	9809	10446	11102	11779	12475	13191	13928	14684	15461
33	9199	9816	10452	11109	11785	12482	13199	13935	14692	15468
34	9205	9822	10459	11116	11792	12489	13206	13943	14700	15476
35	9211	9828	10465	11122	11799	12496	13213	13950	14707	15484
36	9217	9834	10472	11129	11806	12503	13220	13958	14715	15492
37	9223	9841	10478	11136	11813	12510	13228	13965	14723	15500
38	9229	9847	10485	11142	11820	12517	13235	13973	14730	15508
39	9236	9853	10491	11149	11827	12525	13242	13980	14738	15516
40	9242	9860	10498	11156	11834	12532	13250	13988	14746	15524
41	9248	9866	10504	11162	11840	12539	13257	13995	14753	15531
42	9254	9872	10511	11169	11847	12546	13264	14003	14761	15539
43	9260	9878	10517	11176	11854	12553	13271	14010	14769	15547
44	9266	9885	10524	11182	11861	12560	13279	14018	14776	15555
45	9272	9891	10530	11189	11868	12567	13286	14025	14784	15563
46	9278	9897	10537	11196	11875	12574	13293	14033	14792	15571
47	9284	9904	10543	11202	11882	12581	13301	14040	14799	15579
48	9290	9910	10550	11209	11889	12588	13308	14048	14807	15587
49	9296	9916	10556	11216	11896	12595	13315	14055	14815	15595

TABLE

Pour trouver les distances réciproques des différens Lieux.

	3000	3100	3200	3300	3400	3500	3600	3700	3800	3900
50	9302	9922	10562	11222	11902	12602	13322	14062	14822	15602
51	9309	9929	10569	11229	11909	12610	13330	14070	14830	15610
52	9315	9935	10576	11236	11916	12617	13337	14078	14838	15618
53	9321	9941	10582	11243	11923	12624	13344	14085	14846	15626
54	9327	9948	10589	11249	11930	12631	13352	14093	14853	15634
55	9333	9954	10595	11256	11937	12638	13359	14100	14861	15642
56	9339	9960	10602	11263	11944	12645	13366	14108	14869	15650
57	9345	9967	10608	11269	11951	12652	13374	14115	14876	15658
58	9351	9973	10615	11276	11958	12659	13381	14123	14884	15666
59	9357	9979	10621	11283	11965	12666	13388	14130	14892	15674
60	9364	9986	10628	11290	11972	12674	13396	14138	14900	15682
61	9370	9992	10634	11296	11979	12681	13403	14145	14907	15690
62	9376	9998	10641	11303	11985	12688	13410	14153	14915	15697
63	9382	10005	10647	11310	11992	12695	13418	14160	14923	15705
64	9388	10011	10654	11316	11999	12702	13425	14168	14930	15713
65	9394	10017	10660	11323	12006	12709	13432	14175	14938	15721
66	9400	10024	10667	11330	12013	12716	13440	14183	14946	15729
67	9406	10030	10673	11337	12020	12723	13447	14190	14954	15737
68	9413	10036	10680	11343	12027	12731	13454	14198	14961	15745
69	9419	10043	10686	11350	12034	12738	13462	14205	14969	15753
70	9425	10049	10693	11357	12041	12745	13469	14213	14977	15761
71	9431	10055	10699	11364	12048	12752	13476	14220	14985	15769
72	9437	10062	10706	11370	12055	12759	13484	14228	14992	15777
73	9443	10068	107[illegible]	11377	12062	12766	13491	14236	15000	15785
74	9449	10074	10719	11384	12069	12773	13498	14243	15008	15793
75	9456	10081	10726	11391	12076	12781	13506	14251	15016	15801
76	9462	10087	10732	11397	12083	12788	13513	14258	15023	15809
77	9468	10093	10739	11404	12090	12795	13520	14266	15031	15817
78	9474	10100	10745	11411	12096	12802	13528	14273	15039	15824
79	9480	10106	10752	11418	12103	12809	13535	14281	15047	15832
80	9486	10112	10758	11424	12110	12816	13542	14288	15054	15840
81	9493	10119	10765	11431	12117	12824	13550	14296	15062	15848
82	9499	10125	10772	11438	12124	12831	13557	14304	15070	15856
83	9505	10131	10778	11445	12131	12838	13564	14311	15078	15864
84	9511	10138	10785	11451	12138	12845	13572	14319	15085	15872
85	9517	10144	10791	11458	12145	12852	13579	14326	15093	15880
86	9523	10151	10798	11465	12152	12859	12587	14334	15101	15888
87	9530	10157	10804	11472	12159	12867	13594	14341	15109	15896
88	9536	10163	10811	11475	12166	12874	13601	14349	15117	15904
89	9542	10179	10818	11485	12173	12881	13609	14357	15124	15912
90	9548	10176	10824	11492	12180	12888	13616	14364	15132	15920
91	9554	10182	10831	11499	12187	12895	13623	14372	15140	15928
92	9560	10189	10837	11506	12194	12902	13631	14379	15148	15936
93	9567	10195	10844	1151[illegible]	12201	12910	13638	14387	15155	15944
94	9573	10202	10850	11519	12208	12917	13646	14394	15163	15952
95	9579	10208	10857	11526	12215	12924	13653	14402	15171	15960
96	9585	10214	10864	11533	12222	12931	13660	14410	15179	15968
97	9591	10221	10870	11540	12229	12938	13668	14417	15187	15976
98	9598	10227	10877	11546	12236	12946	13675	14425	15194	15984
99	9604	10234	10883	11553	12243	12953	13683	14432	15202	15992

TABLE

Pour trouver les diſtances réciproques des différens Lieux.

	4000	4100	4200	4300	4400	4500	4600	4700	4800	4900
00	16000	16810	17640	18490	19360	20250	21160	22090	23040	24010
01	16008	16818	17648	18499	19369	20259	21169	22099	23050	24020
02	16016	16826	17657	18507	19378	20268	21178	22109	23059	24030
03	16024	16835	17665	18516	19386	20277	21188	22118	23069	24039
04	16032	16843	17674	18524	19395	20286	21197	22128	23078	24049
05	16040	16851	17682	18533	19404	20295	21206	22137	23088	24059
06	16048	16859	17690	18542	19413	20304	21215	22146	23098	24069
07	16056	16867	17699	18550	19422	20313	21224	22156	23107	24079
08	16064	16376	17707	18559	19430	20322	21234	22165	23117	24088
09	16072	16884	17716	18567	19439	20331	21243	22175	23126	24098
10	16080	16892	17724	18576	19448	20340	21252	22184	23136	24108
11	16088	16900	17733	18585	19457	20349	21261	22194	23146	24118
12	16096	16909	17741	18593	19466	20358	21271	22203	23155	24128
13	16104	16917	17749	18602	19475	20367	21280	22212	23165	24138
14	16112	16925	17758	18611	19483	20376	21289	22222	23175	24147
15	16120	16933	17766	18619	19492	20385	21298	22231	23184	24157
16	16128	16941	17775	18628	19501	20394	21307	22241	23194	24167
17	16136	16950	17783	18636	19510	20403	21317	22250	23203	24177
18	16144	16958	17792	18645	19519	20412	21326	22260	23213	24187
19	16152	16966	17800	18654	19528	20421	21335	22269	23223	24197
20	16160	16974	17808	18662	19536	20430	21344	22278	23232	24206
21	16168	16983	17817	18671	19545	20439	21354	22288	23242	24216
22	16176	16991	17825	18680	19554	20448	21363	22297	23252	24226
23	16185	16999	17834	18688	19563	20458	21372	22307	23261	24236
24	16193	17007	17842	18697	19572	20467	21381	22316	23271	24246
25	16201	17016	17851	18706	19581	20476	21391	22326	23281	24256
26	16209	17024	17859	18714	19589	20485	21400	22335	23290	24265
27	16217	17032	17868	18723	19598	20494	21409	22345	23300	24275
28	16225	17040	17876	18732	19607	20503	21418	22354	23310	24285
29	16233	17049	17884	18740	19616	20512	21428	22363	23319	24295
30	16241	17057	17893	18749	19625	20521	21437	22373	23329	24305
31	16249	17065	17901	18758	19634	20530	21446	22382	23339	24315
32	16257	17073	17910	18766	19643	20539	21455	22392	23348	24325
33	16265	17082	17918	18775	19651	20548	21465	22401	23358	24334
34	16273	17090	17927	18784	19660	20557	21474	22411	23368	24344
35	16281	17098	17935	18792	19669	20566	21483	22420	23377	24354
36	16289	17106	17944	18801	19678	20575	21492	22430	23387	24364
37	16297	17115	17952	18810	19687	20584	21502	22439	23397	24374
38	16305	17123	17961	18818	19696	20593	21511	22449	23406	24384
39	16314	17131	17969	18827	19705	20603	21520	22458	23416	24394
40	16322	17140	17978	18836	19714	20612	21530	22468	23426	24404
41	16330	17148	17986	18844	19722	20621	21539	22477	23435	24413
42	16338	17156	17995	18853	19731	20630	21548	22487	23445	24413
43	16346	17164	18003	18862	19740	20639	21557	22496	23455	24433
44	16354	17173	18012	18870	19749	20648	21567	22506	23464	24443
45	16362	17181	18020	18879	19758	20657	21576	22515	23474	24453
46	16370	17189	18029	18888	19767	20666	21585	22525	23484	24463
47	16378	17198	18037	18896	19776	20675	21595	22534	23493	24473
48	16386	17206	18046	18905	19785	20684	21604	22544	23503	24483
49	16394	17214	18054	18914	19794	20693	21613	22553	23513	24493

TABLE

Pour trouver les distances réciproques des différens Lieux.

	4000	4100	4200	4300	4400	4500	4600	4700	4800	4900
50	16402	17222	18062	18922	19802	20702	21622	22562	23522	24502
51	16411	17231	18071	18931	19811	20712	21632	22572	23532	24512
52	16419	17239	18080	18940	19820	20721	21641	22582	23542	24522
53	16427	17247	18088	18949	19829	20730	21650	22591	23552	24532
54	16435	17256	18097	18957	19838	20739	21660	22601	23561	24542
55	16443	17264	18105	18966	19847	20748	21669	22610	23571	24552
56	16451	17272	18114	18975	19856	20757	21678	22620	23581	24562
57	16459	17281	18122	18983	19865	20766	21688	22629	23590	24572
58	16467	17289	18131	18992	19874	20775	21697	22639	23600	24582
59	16475	17297	18139	19001	19883	20784	21706	22648	23610	24592
60	16484	17306	18148	19010	19892	20794	21716	22658	23620	24602
61	16492	17314	18156	19018	19901	20803	21725	22667	23629	24612
62	16500	17322	18165	19027	19909	20812	21734	22677	23639	24621
63	16508	17331	18173	19036	19918	20821	21744	22686	23649	24631
64	16516	17339	18182	19044	19927	20830	21753	22696	23658	24641
65	16524	17347	18190	19053	19936	20839	21762	22705	23668	24651
66	16532	17356	18199	19062	19945	20848	21772	22715	23678	24661
67	16540	17364	18207	19071	19954	20857	21781	22724	23688	24671
68	16549	17372	18216	19079	19963	20867	21790	22734	23697	24681
69	16557	17381	18224	19088	19972	20876	21800	22743	23707	24691
70	16565	17389	18233	19097	19981	20885	21809	22753	23717	24701
71	16573	17397	18241	19106	19990	20894	21818	22762	23727	24711
72	16581	17406	18250	19114	19999	20903	21828	22772	23736	24721
73	16589	17414	18259	19123	20008	20912	21837	22782	23746	24731
74	16597	17422	18267	19132	20017	20921	21846	22791	23756	24741
75	16606	17431	18276	19141	20026	20931	21856	22801	23766	24751
76	16614	17439	18284	19149	20035	20940	21865	22810	23775	24761
77	16622	17447	18293	19158	20044	20949	21874	22820	23785	24771
78	16630	17456	18301	19167	20052	20958	21884	22829	23795	24780
79	16638	17464	18310	19176	20061	20967	21893	22839	23805	24790
80	16646	17472	18318	19184	20070	20976	21902	22848	23814	24800
81	16655	17481	18327	19193	20079	20986	21912	22858	23824	24810
82	16663	17489	18336	19202	20088	20995	21921	22868	23834	24820
83	16671	17497	18344	19211	20097	21004	21930	22877	23844	24830
84	16679	17506	18353	19219	20106	21013	21940	22887	23853	24840
85	16687	17514	18361	19228	20115	21022	21949	22896	23863	24850
86	16695	17523	18370	19237	20124	21031	21959	22906	23873	24860
87	16704	17531	18378	19246	20133	21041	21968	22915	23883	24870
88	16712	17539	18387	19255	20142	21050	21977	22925	23893	24880
89	16720	17548	18396	19263	20151	21059	21987	22935	23902	24890
90	16728	17556	18404	19272	20160	21068	21996	22944	23912	24900
91	16736	17564	18413	19281	20169	21077	22005	22954	23922	24910
92	16744	17573	18421	19290	20178	21086	22015	22963	23932	24920
93	16753	17581	18430	19298	20187	21096	22024	22973	23941	24930
94	16761	17590	18438	19307	20196	21105	22034	22982	23951	24940
95	16769	17598	18447	19316	20205	21114	22043	22992	23961	24950
96	16777	17606	18456	19325	20214	21123	22052	23002	23971	24960
97	16785	17615	18464	19334	20223	21132	22062	23011	23981	24970
98	16794	17623	18473	19342	20232	21142	22071	23021	23990	24980
99	16801	17632	18481	19351	20241	21151	22081	23030	24000	24990

TABLE

Pour trouver les distances réciproques des différens Lieux.

	5000	5100	5200	5300	5400	5500	5600	5700	5800	5900
00	25000	26010	27040	28090	29160	30250	31360	32490	33640	34810
01	25010	26020	27050	28101	29171	30261	31371	32501	33652	34822
02	25020	26030	27061	28111	29182	30272	31382	32513	33663	34834
03	25030	26041	27071	28122	29192	30283	31394	32524	33675	34845
04	25040	26051	27082	28132	29203	30294	31405	32536	33686	34857
05	25050	26061	27092	28143	29214	30305	31416	32547	33698	34869
06	25060	26071	27102	28154	29225	30316	31427	32558	33710	34881
07	25070	26081	27113	28164	29236	30327	31438	32570	33721	34893
08	25080	26092	27123	28175	29246	30338	31450	32581	33733	34904
09	25090	26102	27134	28185	29257	30349	31461	32593	33744	34916
10	25100	26112	27144	28196	29268	30360	31472	32604	33756	34928
11	25110	26122	27155	28207	29279	30371	31483	32616	33768	34940
12	25120	26133	27165	28217	29290	30382	31495	32627	33779	34952
13	25130	26143	27175	28228	29301	30393	31506	32638	33791	34964
14	25140	26153	27186	28239	29311	30404	31517	32650	33803	34975
15	25150	26163	27196	28249	29322	30415	31528	32661	33814	34987
16	25160	26173	27207	28260	29333	30426	31539	32673	33826	34999
17	25170	26184	27217	28270	29344	30437	31551	32684	33837	35011
18	25180	26194	27228	28281	29355	30448	31562	32696	33849	35023
19	25190	26204	27238	28292	29366	30459	31573	32707	33861	35035
20	25200	26214	27248	28302	29376	30470	31584	32718	33872	35046
21	25210	26225	27259	28313	29387	30481	31596	32730	33884	35058
22	25220	26235	27269	28324	29398	30492	31607	32741	33896	35070
23	25231	26245	27280	28334	29409	30504	31618	32753	33907	35082
24	25241	26255	27290	28345	29420	30515	31629	32764	33919	35094
25	25251	26266	27301	28356	29431	30526	31641	32776	33931	35106
26	25261	26276	27311	28366	29441	30537	31652	32787	33942	35117
27	25271	26286	27322	28377	29452	30548	31663	32799	33954	35129
28	25281	26296	27332	28388	29463	30559	31674	32810	33966	35141
29	25291	26307	27342	28398	29474	30570	31686	32821	33977	35153
30	25301	26317	27353	28409	29485	30581	31697	32833	33989	35165
31	25311	26327	27363	28420	29496	30592	31708	32844	34001	35177
32	25321	26337	27374	28430	29507	30603	31719	32856	34012	35189
33	25331	26348	27384	28441	29517	30614	31731	32867	34024	35200
34	25341	26358	27395	28452	29528	30625	31742	32879	34036	35212
35	25351	26368	27405	28462	29539	30636	31753	32890	34047	35224
36	25361	26378	27416	28473	29550	30647	31764	32902	34059	35236
37	25371	26389	27426	28484	29561	30658	31776	32913	34071	35248
38	25381	26399	27437	28494	29572	30669	31787	32925	34082	35260
39	25392	26409	27447	28505	29583	30681	31798	32936	34094	35272
40	25402	26420	27458	28516	29594	30692	31810	32948	34106	35284
41	25412	26430	27468	28526	29604	30703	31821	32959	34117	35295
42	25422	26440	27479	28537	29615	30714	31832	32971	34129	35307
43	25432	26450	27489	28548	29626	30725	31843	32982	34141	35319
44	25442	26461	27500	28558	29637	30736	31855	32994	34152	35331
45	25452	26471	27510	28569	29648	30747	31866	33005	34164	35343
46	25462	26481	27521	28580	29659	30758	31877	33017	34176	35355
47	25472	26492	27531	28590	29670	30769	31889	33028	34187	35367
48	25482	26502	27542	28601	29681	30780	31900	33040	34199	35379
49	25492	26512	27552	28612	29692	30791	31911	33051	34211	35391

TABLE

Pour trouver les distances réciproques des différens Lieux.

	5000	5100	5200	5300	5400	5500	5600	5700	5800	5900
50	25502	26522	27562	28622	29702	30802	31922	33062	34222	35402
51	25513	26533	27573	28633	29713	30814	31934	33074	34234	35414
52	25523	26543	27584	28644	29724	30825	31945	33086	34246	35426
53	25533	26553	27594	28655	29735	30836	31956	33097	34258	35438
54	25543	26564	27605	28665	29746	30847	31968	33109	34269	35450
55	25553	26574	27615	28676	29757	30858	31979	33120	34281	35462
56	25563	26584	27626	28687	29768	30869	31990	33132	34293	35474
57	25573	26595	27636	28697	29779	30880	32002	33143	34304	35486
58	25583	26605	27647	28708	29790	30891	32013	33155	34316	35498
59	25593	26615	27657	28719	29801	30902	32024	33166	34328	35510
60	25604	26626	27668	28730	29812	30914	32036	33178	34340	35522
61	25614	26636	27678	28740	29823	30925	32047	33189	34351	35534
62	25624	26646	27689	28751	29833	30936	32058	33201	34363	35545
63	25634	26657	27699	28762	29844	30947	32070	33212	34375	35557
64	25644	26667	27710	28772	29855	30958	32081	33224	34386	35569
65	25654	26677	27720	28783	29866	30969	32092	33235	34398	35581
66	25664	26688	27731	28794	29877	30980	32104	33247	34410	35593
67	25674	26698	27741	28805	29888	30991	32115	33258	34422	35605
68	25685	26708	27752	28815	29899	31003	32126	33270	34433	35617
69	25695	26719	27762	28826	29910	31014	32138	33281	34445	35629
70	25705	26729	27773	28837	29921	31025	32149	33293	34457	35641
71	25715	26739	27783	28848	29932	31036	32160	33304	34469	35653
72	25725	26750	27794	28858	29943	31047	32172	33316	34480	35665
73	25735	26760	27805	28869	29954	31058	32183	33328	34492	35677
74	25745	26770	27815	28880	29965	31069	32194	33339	34504	35689
75	25756	26781	27826	28891	29976	31081	32206	33351	34516	35701
76	25766	26791	27836	28901	29987	31092	32217	33362	34527	35713
77	25776	26801	27847	28912	29998	31103	32228	33374	34539	35725
78	25786	26812	27857	28923	30008	31114	32240	33385	34551	35736
79	25796	26822	27868	28934	30019	31125	32251	33397	34563	35748
80	25806	26832	27878	28944	30030	31136	32262	33408	34574	35760
81	25817	26843	27889	28955	30041	31148	32274	33420	34586	35772
82	25827	26853	27900	28966	30052	31159	32285	33432	34598	35784
83	25837	26863	27910	28977	30063	31170	32296	33443	34610	35796
84	25847	26874	27921	28987	30074	31181	32308	33455	34621	35808
85	25857	26884	27931	28998	30085	31192	32319	33466	34633	35820
86	25867	26895	27942	29009	30096	31203	32331	33478	34645	35832
87	25878	26905	27952	29020	30107	31215	32342	33489	34657	35844
88	25888	26915	27963	29031	30118	31226	32353	33501	34669	35856
89	25898	26926	27974	29041	30129	31237	32365	33513	34680	35868
90	25908	26936	27984	29052	30140	31248	32376	33524	34692	35880
91	25918	26946	27995	29063	30151	31259	32387	33536	34704	35892
92	25928	26957	28005	29074	30162	31270	32399	33547	34716	35504
93	25939	26967	28016	29084	30173	31282	32410	33559	34727	35916
94	25949	26978	28026	29095	30184	31293	32422	33570	34739	35928
95	25959	26988	28037	29106	30195	31304	32433	33582	34751	35940
96	25969	26998	28048	29117	30206	31315	32444	33594	34763	35852
97	25979	27009	28058	29128	30217	31326	32456	33605	34775	35964
98	25990	27019	28069	29138	30228	31338	32467	33617	34786	35976
99	26000	27030	28079	29149	30239	31349	32479	33628	34798	35988

TABLE

Pour trouver les distances réciproques des différens Lieux.

	6000	6100	6200	6300	6400	6500	6600	6700	6800	6900
00	36000	37210	38440	39690	40960	42250	43560	44890	46240	47610
01	36012	37222	38452	39703	40973	42263	43573	44903	46254	47624
02	36024	37234	38465	39715	40986	42276	43586	44917	46267	47638
03	36036	37247	38477	39728	40998	42289	43600	44930	46281	47651
04	36048	37259	38490	39740	41011	42302	43613	44944	46294	47665
05	36060	37271	38502	39753	41024	42315	43626	44957	46308	47679
06	36072	37283	38514	39766	41037	42328	43639	44970	46322	47693
07	36084	37295	38527	39778	41050	42341	43652	44984	46335	47707
08	36096	37308	38539	39791	41062	42354	43666	44997	46349	47720
09	36108	37320	38552	39803	41075	42367	43679	45011	46362	47734
10	36120	37332	38564	39816	41088	42380	43692	45024	46376	47748
11	36132	37344	38577	39829	41101	42393	43705	45038	46390	47762
12	36144	37357	38589	39841	41114	42406	43719	45051	46403	47776
13	36156	37369	38601	39854	41127	42419	43732	45064	46417	47790
14	36168	37381	38614	39867	41139	42432	43745	45078	46431	47803
15	36180	37393	38626	39879	41152	42445	43758	45091	46444	47817
16	36192	37405	38639	39892	41165	42458	43771	45105	46458	47831
17	36204	37418	38651	39904	41178	42471	43785	45118	46471	47845
18	36216	37430	38664	39917	41191	42484	43798	45132	46485	47859
19	36228	37442	38676	39930	41204	42497	43811	45145	46499	47873
20	36240	37454	38688	39942	41216	42510	43824	45158	46512	47886
21	36252	37467	38701	39955	41229	42523	43838	45172	46526	47900
22	36264	37479	38713	39968	41242	42536	43851	45185	46540	47914
23	36277	37491	38726	39980	41255	42550	43864	45199	46553	47928
24	36289	37503	38738	39993	41268	42563	43877	45212	46567	47942
25	36301	37516	38751	40006	41281	42576	43891	45226	46581	47956
26	36313	37528	38763	40018	41293	42589	43904	45239	46594	47969
27	36325	37540	38776	40031	41306	42602	43917	45253	46608	47983
28	36337	37552	38788	40044	41319	42615	43930	45266	46622	47997
29	36349	37565	38800	40056	41332	42628	43944	45279	46635	48011
30	36361	37577	38813	40069	41345	42641	43957	45293	46649	48025
31	36373	37589	38825	40082	41358	42654	43970	45306	46663	48039
32	36385	37601	38838	40094	41371	42667	43983	45320	46676	48053
33	36397	37614	38850	40107	41383	42680	43997	45333	46690	48066
34	36409	37626	38863	40120	41396	42693	44010	45347	46704	48080
35	36421	37638	38875	40132	41409	42706	44023	45360	46717	48094
36	36433	37650	38888	40145	41422	42719	44036	45374	46731	48108
37	36445	37663	38900	40158	41435	42732	44050	45387	46745	48122
38	36457	37675	38913	40170	41448	42745	44063	45401	46758	48136
39	36470	37687	38925	40183	41461	42759	44076	45414	46772	48150
40	36482	37700	38938	40196	41474	42772	44090	45428	46786	48164
41	36494	37712	38950	40208	41486	42785	44103	45441	46799	48177
42	36506	37724	38963	40221	41499	42798	44116	45455	46813	48191
43	36518	37736	38975	40234	41512	42811	44129	45468	46827	48205
44	36530	37749	38988	40246	41525	42824	44143	45482	46840	48219
45	36542	37761	39000	40259	41538	42837	44156	45495	46854	48233
46	36554	37773	39013	40272	41551	42850	44169	45509	46868	48247
47	36566	37786	39025	40284	41564	42863	44183	45522	46881	48261
48	36578	37798	39038	40297	41577	42876	44196	45536	46895	48275
49	36590	37810	39050	40310	41590	42889	44209	45549	46909	48289

TABLE

Pour trouver les diſtances réciproques des différens Lieux.

	6000	6100	6200	6300	6400	6500	6600	6700	6800	6900
50	36602	37822	39062	40322	41602	42902	44222	45562	46922	48302
51	36615	37835	39075	40335	41615	42916	44236	45576	46936	48316
52	36627	37847	39088	40348	41628	42929	44249	45590	46950	48330
53	36639	37859	39100	40361	41641	42942	44262	45603	46964	48344
54	36651	37872	39113	40373	41654	42955	44276	45617	46977	48358
55	36663	37884	39125	40386	41667	42968	44289	45630	46991	48372
56	36675	37896	39138	40399	41680	42981	44302	45644	47005	48386
57	36687	37909	39150	40411	41693	42994	44316	45657	47018	48400
58	36699	37921	39163	40424	41706	43007	44329	45671	47032	48414
59	36711	37933	39175	40437	41719	43020	44342	45684	47046	48428
60	36724	37946	39188	40450	41732	43034	44356	45698	47060	48442
61	36736	37958	39200	40462	41745	43047	44369	45711	47073	48456
62	36748	37970	39213	40475	41757	43060	44382	45725	47087	48469
63	36760	38983	39225	40488	41770	43073	44396	45738	47101	48483
64	36772	37995	39238	40500	41783	43086	44409	45752	47114	48497
65	36784	38007	39250	40513	41796	43099	44422	45765	47128	48511
66	36796	38020	39263	40526	41809	43112	44436	45779	47142	48525
67	36808	38032	39275	40539	41822	43125	44449	45792	47156	48539
68	36821	38044	39288	40551	41835	43139	44462	45806	47169	48553
69	36833	38057	39300	40564	41848	43152	44476	45819	47183	48567
70	36845	38069	39313	40577	41861	43165	44489	45833	47197	48581
71	36857	38081	39325	40590	41874	43178	44502	45846	47211	48595
72	36869	38094	39338	40602	41887	43191	44516	45860	47224	48609
73	36881	38106	39351	40515	41900	43204	44529	45874	47238	48623
74	36893	38118	39363	40628	41913	43217	44542	45887	47252	48637
75	36906	38131	39376	40641	41926	43231	44556	45901	47266	48651
76	36918	38143	39388	40653	41939	43244	44569	45914	47279	48665
77	36930	38155	39401	40666	41952	43257	44582	45928	47293	48679
78	36942	38168	39413	40679	41964	43270	44596	45941	47307	48692
79	36954	38180	39426	40692	41977	43283	44609	45955	47321	48706
80	36966	38192	39438	40704	41990	43296	44622	45968	47334	48720
81	36979	38205	39451	40717	42003	43310	44636	45982	47348	48734
82	36991	38217	39464	40730	42016	43323	44649	45996	47362	48748
83	37003	38229	39476	40743	42029	43336	44662	46009	47376	48762
84	37015	38242	39489	40755	42042	43349	44676	46023	47389	48776
85	37027	38254	39501	40768	42055	43362	44689	46036	47403	48790
86	37039	38267	39514	40781	42068	43375	44703	46050	47417	48804
87	37052	38279	39526	40794	42081	43389	44716	46063	47431	48818
88	37064	38291	39539	40807	42094	43402	44729	46077	47445	48832
89	37076	38304	39552	40819	42107	43415	44743	46091	47458	48846
90	37088	38316	39564	40832	42120	43428	44756	46104	47472	48860
91	37100	38328	39577	40845	42133	43441	44769	46118	47486	48874
92	37112	38341	39589	40858	42146	43454	44783	46131	47500	48888
93	37129	38353	39602	40870	42159	43468	44796	46145	47513	48902
94	37137	38366	39614	40883	42172	43481	44810	46158	47527	48916
95	37149	38378	39627	40896	42185	43494	44823	46172	47541	48930
96	37161	38390	39640	40909	42198	43507	44836	46186	47555	48944
97	37173	38403	39652	40922	42211	43520	44850	46199	47569	48958
98	37186	38415	39665	40934	42224	43534	44863	46213	47582	48972
99	37198	38428	39677	40947	42237	43547	44877	46226	47596	48986

TABLE

Pour trouver les distances réciproques des différens Lieux.

	7000	7100	7200	7300	7400	7500	7600	7700	7800	7900
00	49000	50410	51840	53290	54760	56250	57760	59290	60840	62410
01	49014	50424	51854	53305	54775	56265	57775	59305	60856	62426
02	49028	50438	51869	53319	54790	56280	57790	59321	60871	62442
03	49042	50453	51883	53334	54804	56295	57806	59336	60887	62457
04	49056	50467	51898	53348	54819	56310	57821	59352	60902	62473
05	49070	50481	51912	53363	54834	56325	57836	59367	60918	62489
06	49084	50495	51926	53378	54849	56340	57851	59382	60934	62505
07	49098	50509	51941	53392	54864	56355	57866	59398	60949	62521
08	49112	50524	51955	53407	54878	56370	57882	59413	60965	62536
09	49126	50538	51970	53421	54893	56385	57897	59429	60980	62552
10	49140	50552	51984	53436	54908	56400	57912	59444	60996	62568
11	49154	50566	51999	53451	54923	56415	57927	59460	61012	62584
12	49168	50581	52013	53465	54938	56430	57943	59475	61027	62600
13	49182	50595	52027	53480	54953	56445	57958	59490	61043	62616
14	49196	50609	52042	53495	54967	56460	57973	59506	61059	62631
15	49210	50523	52056	53509	54982	56475	57988	59521	61074	62647
16	49224	50637	52071	53524	54997	56490	58003	59537	61090	62663
17	49238	50652	52085	53538	55012	56505	58019	59552	61105	62679
18	49252	50666	52100	53553	55027	56520	58034	59568	61121	62695
19	49266	50680	52114	53568	55042	56535	58049	59583	61137	62711
20	49280	50694	52128	53582	55056	56550	58064	59598	61152	62726
21	49294	50709	52143	53597	55071	56565	58080	59614	61168	62742
22	49308	50723	52157	53612	55086	56580	58095	59629	61184	62758
23	49323	50737	52172	53626	55101	56596	58110	59645	61199	62774
24	49337	50751	52186	53641	55116	56611	58125	59660	61215	62790
25	49351	50766	52201	53656	55131	56626	58141	59676	61231	62806
26	49365	50780	52215	53670	55145	56641	58156	59691	61246	62821
27	49379	50794	52230	53685	55160	56656	58171	59707	61262	62837
28	49393	50808	52244	53700	55175	56671	58186	59722	61278	62853
29	49407	50823	52258	53714	55190	56686	58202	59737	61293	62869
30	49421	50837	52273	53729	55205	56701	58217	59753	61309	62885
31	49435	50851	52287	53744	55220	56716	58232	59768	61325	62901
32	49449	50865	52302	53758	55235	56731	58247	59784	61340	62917
33	49463	50880	52316	53773	55249	56746	58263	59799	61356	62932
34	49477	50894	52331	53788	55264	56761	58278	59815	61372	62948
35	49491	50908	52345	53802	55279	56776	58293	59830	61387	62964
36	49505	50922	52360	53817	55294	56791	58308	59846	61403	62980
37	49519	50937	52374	53832	55309	56806	58324	59861	61419	62996
38	49533	50951	52389	53846	55324	56821	58339	59877	61434	63012
39	49548	50965	52403	53861	55339	56837	58354	59892	61450	63028
40	49562	50980	52418	53876	55354	56852	58370	59908	61466	63044
41	49576	50994	52432	53890	55368	56867	58385	59923	61481	63059
42	49590	51008	52447	53905	55383	56882	58400	59939	61497	63075
43	49604	51022	52461	53920	55398	56897	58415	59954	61513	63091
44	49618	51037	52476	53934	55413	56912	58431	59970	61528	63107
45	49632	51051	52490	53949	55428	56927	58446	59985	61544	63123
46	49646	51065	52505	53964	55443	56942	58461	60001	61560	63139
47	49660	51080	52519	53978	55458	56957	58477	60016	61575	63155
48	49674	51094	52533	53993	55473	56972	58492	60032	61591	63171
49	49688	51108	52548	54008	55488	56987	58507	60047	61607	63187

TABLE

Pour trouver les distances réciproques des différens Lieux.

	7000	7100	7200	7300	7400	7500	7600	7700	7800	7900
50	49702	51122	52562	54022	55502	57002	58522	60062	61622	63202
51	49717	51137	52577	54037	55517	57018	58538	60078	61638	63218
52	49731	51151	52592	54052	55532	57033	58553	60094	61654	63234
53	49745	51165	52606	54067	55547	57048	58568	60109	61670	63250
54	49759	51180	52621	54081	55562	57063	58584	60125	61685	63266
55	49773	51194	52635	54096	55577	57078	58599	60140	61701	63282
56	49787	51208	52650	54111	55592	57093	58614	60156	61717	63298
57	49801	51223	52664	54125	55607	57108	58630	60171	61732	63314
58	49815	51237	52679	54140	55622	57123	58645	60187	61748	63330
59	49829	51251	5269	54155	55637	57138	58660	60202	61764	63346
60	49844	51266	52708	54170	55652	57154	58676	60218	61780	63362
61	49858	51280	52722	54184	55667	57169	58691	60233	61795	63378
62	49872	51294	52737	54199	55681	57184	58706	60249	61811	63393
63	49886	51309	52751	54214	55696	57199	58722	60264	61827	63409
64	49900	51323	52766	54228	55711	57214	58737	60280	61842	63425
65	49914	51337	52780	54243	55726	57229	58752	60295	61858	63441
66	49928	51352	52795	54258	55741	57244	58768	60311	61874	63457
67	49942	51366	52809	54273	55756	57259	58783	60326	61890	63473
68	49957	51380	52824	54287	55771	57275	58798	60342	61905	63489
69	49971	51395	52838	54302	55786	57290	58814	60357	61921	63505
70	49985	51409	52853	54317	55801	57305	58829	60373	61937	63521
71	49999	51423	52867	54332	55816	57320	58844	60388	61953	63537
72	50013	51438	52882	54346	55831	57335	58860	60404	61968	63553
73	50027	51452	52897	54361	55846	57350	58875	60420	61984	63569
74	50041	51466	52911	54376	55861	57365	58890	60435	62000	63585
75	50056	51481	52926	54391	55876	57381	58906	60451	62016	63601
76	50070	51495	52940	54405	55891	57396	58921	60466	62031	63617
77	50084	51509	52955	54420	55906	57411	58936	60482	62047	63633
78	50098	51524	52969	54435	55920	57426	58952	60497	62063	63648
79	50112	51538	52984	54450	55935	57441	58967	60513	62079	63664
80	50126	51552	52998	54464	55950	57456	58982	60528	62094	63680
81	50141	51567	53013	54479	55965	57472	58998	60544	62110	63696
82	50155	51581	53028	54494	55980	57487	59013	60560	62126	63712
83	50169	51595	53042	54509	55995	57502	59028	60575	62142	63728
84	50183	51610	53057	54523	56010	57517	59044	60591	62157	63744
85	50197	51624	53071	54538	56025	57532	59059	60606	62173	63760
86	50212	51639	53086	54553	56040	57547	59075	60622	62189	63776
87	50226	51653	53100	54568	56055	57563	59090	60637	62205	63792
88	50240	51667	53115	54583	56070	57578	59105	60653	62221	63808
89	50254	51682	53130	54597	56085	57593	59121	60669	62236	63824
90	50268	51696	53144	54612	56100	57608	59136	60684	62252	63840
91	50282	51710	53159	54627	56115	57623	59151	60700	62268	63856
92	50296	51725	53173	54642	56130	57638	59167	60715	62284	63872
93	50311	51739	53188	54656	56145	57654	59182	60731	62299	63888
94	50325	51754	53202	54671	56160	57669	59198	60746	62315	63904
95	50339	51768	53217	54686	56175	57684	59213	60762	62331	63920
96	50353	51782	53232	54701	56190	57699	59228	60778	62347	63936
97	50367	51797	53246	54716	56205	57714	59244	60793	62363	63952
98	50382	51811	53261	54730	56220	57730	59259	60809	62378	63968
99	50396	51826	53275	54745	56235	57745	59275	60824	62394	63984

TABLE

Pour trouver les distances réciproques des différens Lieux.

	8000	8100	8200	8300	8400	8500	8600	8700	8800	8900
·00	64000	65610	67240	68890	70560	72250	73969	75690	77440	79210
01	64016	65626	67256	68907	70577	72267	73977	75707	77458	79228
02	64032	65642	67273	68923	70594	72284	73994	75725	77475	79246
03	64048	65659	67289	68940	70610	72301	74012	75742	77493	79263
04	64064	65675	67306	68956	70627	72318	74029	75760	77510	79281
05	64080	65691	67322	68973	70644	72335	74046	75777	77528	79299
06	64096	65707	67338	68990	70661	72352	74063	75794	77546	79317
07	64112	65723	67355	69006	70678	72369	74080	75812	77563	79335
08	64128	65740	67371	69023	70694	72386	74098	75829	77581	79352
09	64144	65756	67388	69039	70711	72403	74115	75847	77598	79370
10	64160	65772	67404	69056	70728	72420	74132	75864	77616	79388
11	64176	65788	67421	69073	70745	72437	74149	75882	77634	79406
12	64192	65805	67437	69089	70762	72454	74167	75899	77651	79424
13	64208	65821	67453	69106	70779	72471	74184	75916	77669	79442
14	64224	65837	67470	69123	70795	72488	74201	75934	77687	79459
15	64240	65853	67486	69139	70812	72505	74218	75951	77704	79477
16	64256	65869	67503	69156	70829	72522	74235	75969	77722	79495
17	64272	65886	67519	69172	70846	72539	74253	75986	77739	79513
18	74288	65902	67536	69189	70863	72556	74270	76004	77757	79531
19	64304	65918	67552	69206	70880	72573	74287	76021	77775	79549
20	64320	65934	67568	69222	70896	72590	74304	76038	77792	79566
21	64336	65951	67585	69239	70913	72607	74322	76056	77810	79584
22	64352	65967	67601	69256	70930	72624	74339	76073	77828	79602
23	64369	65983	67618	69272	70947	72642	74356	76091	77845	79620
24	64385	65999	67634	69289	70964	72659	74373	76108	77863	79638
25	64401	66016	67651	69306	70981	72676	74391	76126	77881	79656
26	64417	66032	67667	69322	70997	72693	74408	76143	77898	79673
27	64433	66048	67684	69339	71014	72710	74425	76161	77916	79691
28	64449	66064	67700	69356	71031	72727	74442	76178	77934	79709
29	64465	66081	67716	69372	71048	72744	74460	76195	77951	79727
30	64481	66097	67733	69389	71065	72761	74477	76213	77969	79745
31	64497	66113	67749	69406	71082	72778	74494	76230	77987	79763
32	64513	66129	67766	69422	71099	72795	74511	76248	78004	79781
33	64529	66146	67782	69439	71115	72812	74529	76265	78022	79798
34	64545	66162	67799	69456	71132	72829	74546	76283	78040	79816
35	64561	66178	67815	69472	71149	72846	74563	76300	78057	79834
36	64577	66194	67832	69489	71166	72863	74580	76318	78075	79852
37	64593	66211	67848	69506	71183	72880	74598	76335	78093	79870
38	64609	66227	67865	69522	71200	72897	74615	76353	78110	79888
39	64626	66243	67881	69539	71217	72915	74632	76370	78128	79906
40	64642	66260	67898	69556	71234	72932	74650	76388	78146	79924
41	64658	66276	67914	69572	71250	72949	74667	76405	78163	79941
42	64674	66292	67. 31	69589	71267	72966	74684	76423	78181	79959
43	64690	66308	67947	69606	71284	72983	74701	76440	78199	79977
44	64706	66325	67964	69622	71301	73000	74719	76458	78216	79995
45	64722	66341	67980	69639	71318	73017	74736	76475	78234	80013
46	64738	66357	67997	69656	71335	73034	74753	76493	78252	80031
47	64754	66374	68013	69672	71352	73051	.74771	76510	78269	80049
48	64770	66390	68030	69689	71369	73068	74788	76528	78287	80067
49	64786	66406	68046	69706	71386	73085	74805	76545	78305	80085

TABLE

Pour trouver les distances réciproques des différens Lieux.

	8000	8100	8200	8300	8400	8500	8600	8700	8800	8900
50	64802	66422	68062	69722	71402	73102	74822	76562	78322	80102
51	64819	66439	68079	69739	71419	73120	74840	76580	78340	80120
52	64835	66455	68096	69756	71436	73137	74857	76598	78358	80138
53	64851	66471	68112	69773	71453	73154	74874	76615	78376	80156
54	64867	66488	68129	69789	71470	73171	74892	76633	78393	80174
55	64883	66504	68145	69806	71487	73188	74909	76650	78411	80192
56	64899	66520	68162	69823	71504	73205	74926	76668	78429	80210
57	64915	66537	68178	69839	71521	73222	74944	76685	78446	80228
58	64931	66553	68195	69856	71538	73239	74961	76703	78464	80246
59	64947	66569	68211	69873	71555	*73256	74978	76720	78482	80264
60	64964	66586	68228	69890	71572	73274	74996	76738	78500	80282
61	64980	66602	68244	69906	71589	73291	75013	76755	78517	80300
62	64996	66618	68261	69923	71605	73308	75030	76773	78535	80317
63	65012	66635	68277	69940	71622	73325	75048	76790	78553	80335
64	65028	66651	68294	69956	71639	73342	75065	76808	78570	80353
65	65044	66667	68310	69973	71656	73359	75082	76825	78588	80371
66	65060	66684	68327	69990	71673	73376	75100	76843	78606	80389
67	65076	66700	68343	70007	71690	73393	75117	76860	78624	80407
68	65093	66716	68360	70023	71707	73411	75134	76878	78641	80425
69	65109	66733	68376	70040	71724	73428	75152	76895	78659	80443
70	65125	66749	68393	70057	71741	73445	75169	76913	78677	80461
71	65141	66765	68409	70074	71758	73462	75186	76930	78695	80479
72	65157	66782	68426	70090	71775	73479	75204	76948	78712	80497
73	65173	66798	68443	70107	71792	73496	75221	76966	78730	80515
74	65189	66814	68459	70124	71809	73513	75238	76983	78748	80533
75	65206	66831	68476	70141	71826	73531	75256	77001	78766	80551
76	65222	66847	68492	70157	71843	73548	75273	77018	78783	80569
77	65238	66863	68509	70174	71860	73565	75290	77036	78801	80587
78	65254	66880	68525	70191	71876	73582	75308	77053	78819	80604
79	65270	66896	68542	70208	71893	73599	75325	77071	78837	80622
80	65286	66912	68558	70224	71910	73616	75342	77088	78854	80640
81	65303	66929	68575	70241	71927	73634	75360	77106	78872	80658
82	65319	66945	68592	70258	71944	73651	75377	77124	78890	80676
83	65335	66961	68608	70275	71961	73668	75394	77141	78908	80694
84	65351	66978	68625	70291	71978	73685	75412	77159	78925	80712
85	65367	66994	68641	70308	71995	73702	75429	77176	78943	80730
86	65383	67011	68658	70325	72012	73719	75447	77194	78961	80748
87	65400	67027	68674	70342	72029	73737	75464	77211	78979	80766
88	65416	67043	68691	73359	72046	73754	75481	77229	78997	80784
89	65432	67060	68708	70375	72063	73771	75499	77247	79014	80802
90	65448	67076	68724	70392	72080	73788	75516	77264	79032	80820
91	65464	67092	68741	70409	72097	73805	75533	77282	79050	80838
92	65480	67109	68757	70426	72114	73822	75551	77299	79068	80856
93	65497	67125	68774	70442	72131	73840	75568	77317	79085	80874
94	65513	67142	68790	70459	72148	73857	75586	77334	79103	80892
95	65529	67158	68807	70476	72165	73874	75603	77352	79121	80910
96	65545	67174	68824	70493	72182	73891	75620	77370	79139	80928
97	65561	67191	68840	70510	72199	73908	75638	77387	79157	80946
98	65578	67207	68857	70526	72216	73926	75655	77405	79174	80964
99	65594	67224	68873	70543	72233	73943	75673	77422	79192	80982

TABLE

Pour trouver les distances réciproques des différens Lieux.

	9000	9100	9200	9300	9400	9500	9600	9700	9800	9900
00	81000	82810	84640	86490	88360	90250	92160	94090	96040	98010
01	81018	82828	84658	86509	88379	90269	92179	94109	96060	98030
02	81036	82846	84677	86527	88398	90288	92198	94129	96079	98050
03	81054	82865	84695	86546	88416	90307	92218	94148	96099	98069
04	81072	82883	84714	86564	88435	90326	92237	94168	96118	98089
05	81090	82901	84732	86583	88454	90345	92256	94187	96138	98109
06	81108	82919	84750	86602	88473	90364	92275	94206	96158	98129
07	81126	82937	84769	86620	88492	90383	92294	94226	96177	98149
08	81144	82956	84787	86639	88510	90402	92314	94245	96197	98168
09	81162	82974	84806	86657	88529	90421	92333	94265	96216	98188
10	81180	82992	84824	86676	88548	90440	92352	94284	96236	98208
11	81198	83010	84843	86695	88567	90459	92371	94304	96256	98228
12	81216	83029	84861	86713	88586	90478	92391	94323	96275	98248
13	81234	83047	84879	86732	88605	90497	92410	94342	96295	98268
14	81252	83065	84898	86751	88623	90516	92429	94362	96315	98287
15	81270	83083	84916	86769	88642	90535	92448	94381	96334	98307
16	81288	83101	84935	86788	88661	90554	92467	94401	96354	98327
17	81306	83120	84953	86806	88680	90573	92487	94420	96373	98347
18	81324	83138	84972	86825	88699	90592	92506	94440	96393	98367
19	81342	83156	84990	86844	88718	90611	92525	94459	96413	98387
20	81360	83174	85008	86862	88736	90630	92544	94478	96432	98406
21	81378	83193	85027	86881	88755	90649	92564	94498	96452	98426
22	81396	83211	85045	86900	88774	90668	92583	94517	96472	98446
23	81415	83229	85064	86918	88793	90688	92602	94537	96491	98466
24	81433	83247	85082	86937	88812	90707	92621	94556	96511	98486
25	81451	83266	85101	86956	88831	90726	92641	94576	96531	98506
26	81469	83284	85119	86974	88849	90745	92660	94595	96550	98525
27	81487	83302	85138	86993	88868	90764	92679	94615	96570	98545
28	81505	83320	85156	87012	88887	90783	92698	94634	96590	98565
29	81523	83339	85174	87030	88906	90802	92718	94653	96609	98585
30	81541	83357	85193	87049	88925	90821	92737	94673	96629	98605
31	81559	83375	85211	87068	88944	90840	92756	94692	96649	98625
32	81577	83393	85230	87086	88963	90859	92775	94712	96668	98645
33	81595	83412	85248	87105	88981	90878	92795	94731	96688	98664
34	81613	83430	85267	87124	89000	90897	92814	94751	96708	98684
35	81631	83448	85285	87142	89019	90916	92833	94770	96727	98704
36	81649	83466	85304	87161	89038	90935	92852	94790	96747	98724
37	81667	83485	85322	87180	89057	90954	92872	94809	96767	98744
38	81685	83503	85341	87198	89076	90973	92891	94829	96786	98764
39	81704	83521	85359	87217	89095	90993	92910	94848	96806	98784
40	81722	83540	85378	87236	89114	91012	92930	94868	96826	98804
41	81740	83558	85396	87254	89132	91031	92949	94887	96845	98823
42	81758	83576	85415	87273	89151	91050	92968	94907	96865	98843
43	81776	83594	85433	87292	89170	91069	92987	94826	96885	98863
44	81794	83613	85452	87310	89189	91088	93007	94946	96904	98883
45	81812	83631	85470	87329	89208	91107	93026	94965	96924	98903
46	81830	83649	85489	87348	89227	91126	93045	94985	96944	98923
47	81848	83668	85507	87366	89246	91145	93065	95004	96963	98943
48	81866	83686	85526	87385	89265	91164	93084	95024	96983	98963
49	81884	83704	85544	87404	89284	91183	93103	95043	97003	98983

TABLE

Pour trouver les distances réciproques des différens Lieux.

	9000	9100	9200	9300	9400	9500	9600	9700	9800	9900
50	81902	83722	85562	87422	89302	91202	93122	95062	97022	99002
51	81921	83741	85581	87441	89321	91222	93142	95082	97042	99022
52	81939	83759	85600	87460	89340	91241	93161	95102	97062	99042
53	81959	83777	85618	87079	89359	91260	93180	95121	97082	99062
54	81975	83796	85637	87497	89378	91279	93200	95141	97101	99082
55	81993	83814	85655	87516	89397	91298	93219	95160	97121	99102
56	82011	83832	85674	87535	89416	91317	93238	95180	97141	99122
57	82029	83851	85692	87553	89435	91336	93258	95199	97160	99142
58	82047	83869	85711	87572	89454	91355	93277	95219	97180	99162
59	82065	83887	85729	87591	89473	91374	93296	95238	97200	99182
60	82084	83906	85748	87610	89492	91394	93316	95258	97220	99202
61	82102	83924	85766	87628	89511	91413	93335	95277	97239	99222
62	82120	83942	85785	87647	89529	91432	93354	95297	97259	99241
63	82138	83961	85803	87666	89548	91451	93374	95316	97279	99261
64	82156	83979	85822	87684	89567	91470	93393	95336	97298	99281
65	82174	83997	85840	87703	89586	91489	93412	95355	97318	99301
66	82192	84016	85859	87722	89605	91508	93432	95375	97338	99321
67	82210	84034	85877	87741	89624	91527	93451	95394	97358	99341
68	82229	84052	85896	87759	89643	91547	93470	95414	97377	99361
69	82247	84071	85914	87778	89662	91566	93490	95433	97397	99381
70	82265	84089	85933	87797	89681	91585	93509	95453	97417	99401
71	82283	84107	85951	87816	89700	91604	93528	95472	97437	99421
72	82301	84126	85970	87834	89719	91623	93548	95492	97456	99441
73	82319	84144	85989	87853	89738	91642	93567	95512	97476	99461
74	82337	84162	86007	87872	89757	91661	93586	95531	97496	99481
75	82356	84181	86026	87891	89776	91681	93606	95551	97516	99501
76	82374	84199	86044	87909	89795	91700	93625	95570	97535	99521
77	82392	84217	86063	87928	89814	91719	93644	95590	97555	99541
78	82410	84236	86081	87947	89832	91738	93664	95609	97575	99560
79	82428	84254	86100	87966	89851	91757	93683	95629	97595	99580
80	82446	84272	86118	87984	89870	91776	93702	95648	97614	99600
81	82465	84291	86137	88003	89889	91796	93722	95668	97634	99620
82	82483	84309	86156	88022	89908	91815	93741	95688	97654	99640
83	82501	84327	86174	88041	89927	91834	93760	95707	97674	99660
84	82519	84346	86193	88059	89946	91853	93780	95727	97693	99680
85	82537	84364	86211	88678	89965	91872	93799	95746	97713	99700
86	82555	84383	86230	88097	89984	91891	93819	95766	97733	99720
87	82574	84401	86248	88116	90003	91911	93838	95785	97753	99740
88	82592	84419	86267	88135	90022	91930	93857	95805	97773	99760
89	82610	84438	86286	88153	90041	91949	93877	95825	97792	99780
90	82628	84456	86304	88172	90060	91968	93896	95844	97812	99800
91	82646	84474	86323	88191	90079	91987	93915	95864	97832	99820
92	82664	84493	86341	88210	90098	92006	93935	95883	97852	99840
93	82683	84511	86360	88228	90117	92026	93954	95903	97871	99860
94	82701	84530	86378	88247	90136	92045	93974	95922	97891	99880
95	82719	84548	86397	88266	90155	92064	93993	95942	97911	99900
96	82737	84566	86416	88285	90174	92083	94012	95962	97931	99920
97	82755	84585	86434	88304	90193	92102	94032	95981	97951	99940
98	82774	84603	86453	88322	90212	92122	94051	96001	97970	99960
99	82792	84622	86471	88341	90231	92141	94071	96020	97990	99980

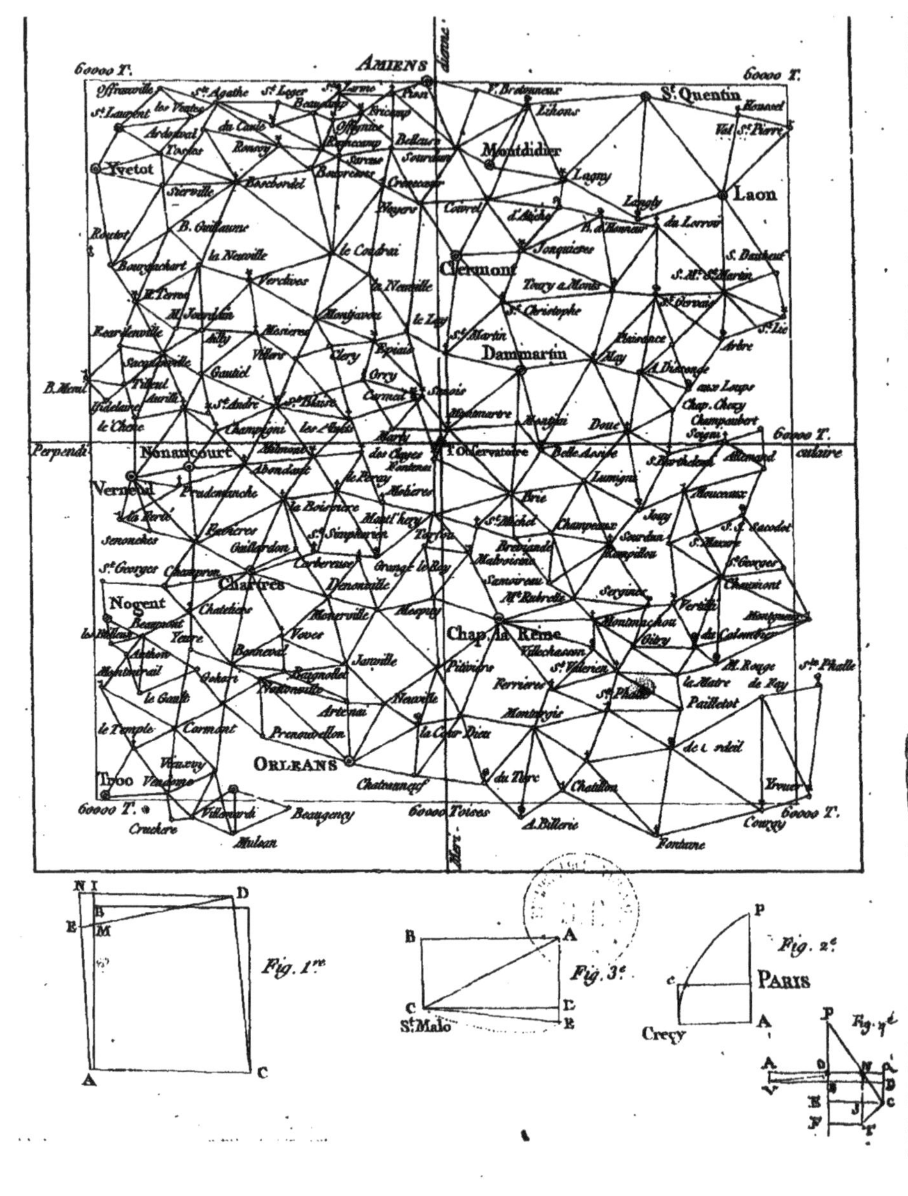

60000 T.
AMIENS
60000 T.
St. Quentin
Montdidier
Yvetot
Laon
Clermont
Dammartin
Perpendi
Nonancourt
l'Observatoire
60000 T.
culaire
Verneuil
Chartres
Nogent
Chap. la Reine
ORLEANS
Troo
60000 T.
Beaugency
60000 Toises
60000 T.
Mulsan
Fontaine
Courgy
Fig. 1re
Fig. 3e
Fig. 2e
PARIS
St. Malo
Crecy

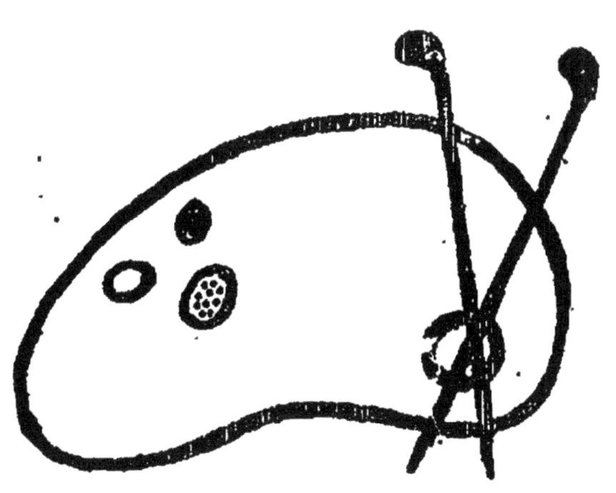

Original en couleur
NF Z 43-120-8

www.ingramcontent.com/pod-product-compliance
Ingram Content Group UK Ltd.
Pitfield, Milton Keynes, MK11 3LW, UK
UKHW021037200726
13857UKWH00005B/1768